Die bastardisierte Strömung als Lösungsprinzip

Michel Felgenhauer

GRIN

Bibliografische Information der Deutschen Nationalbibliothek:

Die Deutsche Nationalbibliothek verzeichnet diese Publikation in der Deutschen Nationalbibliografie; detaillierte bibliografische Daten sind im Internet über http://dnb.d-nb.de abrufbar.

ISBN: 9783964877413
Dieses Buch ist auch als E-Book erhältlich.

Trappentreustraße 1
80339 München

Druck und Bindung: Books on Demand GmbH, Norderstedt Germany
Gedruckt auf säurefreiem Papier aus verantwortungsvollen Quellen

Das Buch bei GRIN: https://www.grin.com/document/1441073

Die bastardisierte Strömung als Lösungsprinzip
The bastardized flow as a conceptual solution

Michel Felgenhauer Berlin 2024

Die bastardisierte Strömung ist eine prinzipielle Lösung in der Beeinflussung des induzierten Widerstands eines Auftrieb erzeugenden Tragflügelsystems im Fluge. Es existiert ein veritables Vorbild aus der belebten Natur: die Daumenfittiche der Landsegler. Und es gibt Design-Bedarf für den Entwurf technischer Tragflächen, die das biologische Vorbild argumentieren. Die Beschreibung des biologischen Wesens und das Voranschreiten beim systematischen Entwickeln technischer Systeme besitzen auf der Ebene physikalischer Funktions- und Wirkstrukturen eine Schnittmenge. In einer schrittweisen Herangehensweise sollen jene Instrumente benannt und Berechnungsergebnisse erörtert werden, die eine für die lösung der Gestaltungsaufgabe erforderliche Phänomenologie einer künstlich bastardisierten Strömung herstellen. Dabei kommen numerischen Modellen, sinnfälligen Simulationen und performanten Visualisierungen eine Rolle zu.

The bastardized flow is a fundamental solution for influencing the induced drag of a lift-generating wing system in flight. There is a veritable model from living nature: the thumb wings of land sailors. And there is a intend for the design of technical wings that argue for the biological model. The description of the biological essence and the progress in the systematic development of technical systems have an intersection at the level of physical functional and active structures. In a step-by-step approach, those instruments will be identified and calculation results discussed that produce the phenomenology of an artificially bastardised flow required to solve the design task. Numerical models, clear simulations and high-performance visualizations play a role here.

<u>Aus dem Inhalt</u>

Prinzipielle Lösung

Methoden der traditionellen Technikentwicklung verarbeiten Informationen, die für das Konzept, den Entwurf und die Erstellung von Fertigungsunterlagen eines Produkts notwendig sind. Das Arbeitsergebnis der frühen Phase der Entwicklung technischer Systeme ist das Lösungsprinzip. Formal ist die prinzipielle Lösung einer Gestaltungsaufgabe neutral gegenüber dem späteren Produkt. Vorgehen und Details regelt die VDI-R 2221 (Design of technical products and systems - Model of product design / Entwicklung technischer Produkte und Systeme - Modell der Produktentwicklung) und die einschlägige Literatur[1].
Die Bionik (aus: Biologie und Technik) als tradierte Methode der Technik-entwicklung, verbindet Naturwissenschaften und Ingenieurwissenschaften mit dem Ziel, Prinzipien der belebten Natur zu entschlüsseln und diese auf Technik zu übertragen. Die belebte Natur hat in den Jahrmillionen der biologischen Evolution äußerst effiziente und Ressourcen schonende Lösungen hervorgebracht. Wir beobachten die Vielfalt biologischer Bauweisen, wir beschreiben und messen die teilweise bis an das physikalisch Machbare optimierte Form und Funktion und wir bewundern die von einer Einfachheit getragene Eleganz der Gestalt vieler Lebewesen. Im Bionic Engineering Design kommen zunehmend solche computer-unterstützte Verfahren zur Lösung technischer Gestaltungsaufgaben zur Anwendung, die zuerst eine Entschlüsselung biologischer Phänomene und den Entwurf technischer Systeme miteinander koppeln um dann einen Lösungspfad auszubalancieren. Ein Lösungsansatz mit der Idee, dass Produktentwicklung und Biosystemanalyse auf der abstrakten Ebene des „Physical Modeling" Schnittmengen besitzen, aus denen sich Methoden zur Übertragung biologischer Phänomene in Technik herleiten lassen[2], gilt als tradierte Vorgehensweise im Bionic Engineering Design.[3]
Die Projektionsfläche des Bionic Engineering Designs sind seitens der Technik die am Problem orientierten Herangehensweisen, im englischsprachigen Raum am Produkt orientierte Methoden[4]. Gemeinsam ist den problemorientierten und produktorientierten Entwicklungsprozessen eine Vorgehens- Grundstruktur mit den Phasen:

Aufgabe.	Arbeitsergebnis: Lastenhefte.
Konzept.	Arbeitsergebnis: prinzipielle Lösung.
Entwurf.	Arbeitsergebnis: erste gestalterische Festlegung.
Konstruktion.	Arbeitsergebnis: Fertigungsunterlagen.
Fertigung.	

Vertrieb und Produktbetreuung am Markt.

Dabei schließt der Gestaltungsprozess in der Technik sowohl praktische, als auch ästhetische Aspekte ein. Aufgabenstellung und Konzeptphase bilden die so genannte „Frühe Phase“ der industriellen Produktentwicklung. Das Arbeitsergebnis der Frühen Phase ist das produktneutrale Lösungsprinzip.
Der Begriff „Computer Aided Engineering, CAE“ fasst die Möglichkeiten der Computerunterstützung von Produktentwicklungsprozessen zusammen. Beim Bionic Engineering Design sind folgende Elemente des CAE relevant:

Rechnerunterstützte Konstruktion (Computer Aided Design, CAD)
Mechanische Beanspruchung der Bauteile (Finite Element Methode, FEM)
Strömungssimulationen (Computational Fluid Dynamics, CFD)
Fluid- Struktur- Wechselwirkung (Fluid Structure Interaction, FSI).
Realprozessrechnung und Numerik physikalischer Phänomene

Inspiration und Ideengeber des Bionic Engineering Designs ist die Biosystemanalyse: das Betrachten und Quantifizieren biologischer Gestalt und Funktion. Die bei einer bionischen Herangehensweise im Vordergrund stehende Funktionalität der Lebewesen besitzt zeitbasierte und morphologisch-topologische (Form- und Geometrie-) Ursachen. Gestalt und ihre „funktionale Organisiertheit“ entsteht in der belebten Natur aus (zeitlich) sequentiellen Evolutionsgeschehnissen und (zeitlich) parallelen Ontogenesevorgängen. Diese nun in mehrfacher Hinsicht räumlich-zeitlichen Vorgänge sind reichlich komplex. Um Gestaltungsprinzipien zu erkennen und zu extrahieren reicht es nicht, die äußere Form oder die Oberflächentextur eines Lebewesens zu beschreiben oder die inneren Lagebeziehungen morphologischer und anatomischer Elemente (Knochen, Muskeln, Gefäße etc.) zu benennen. Vielmehr sind es komplexe Funktionen, die das „Sosein“ einer Form, einer Gestalt erst verständlich werden lassen.

Die VDI-Richtlinie 6220 (Bionik - Bionische Entwicklungsmethodik - Produkte und Verfahren / Biomimetics - Biomimetic design methodology - Products and processes)[5] und folgende leuchtet unmittelbar ein. Die wissenschaftlich betriebene Bionik ist Motiv, Motor und Methode für innovative Zukunftstechnik immer dann, wenn eine Korrelation aus (biologischer) Gestalt und Funktion und (technischem) Design und Funktion beschrieben und ausentwickelt wird[6]. Sodann sei eine schon fast schematische Herangehensweise, ausgehend vom physikalischen Wirkprinzip, beobachtet und beschrieben am biologischen Wesen, über das physikalischen Modell, als numerische Simulation, bis hin in die frühe Phase der Technikentwicklung, der Konzeption und ihrem Arbeitsergebnis, dem produktneutralen Lösungsprinzip für eine Gestaltungsaufgabe vorgeschlagen.

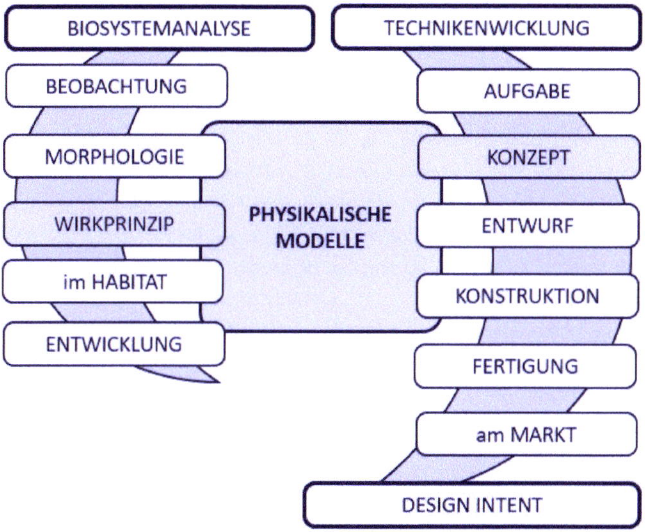

Abb. 1: Biosystemanalyse und systematische Technikentwicklung besitzen auf der Ebene der physikalischen Modelle eine Schnittmenge.

Sodann kann die Entwicklung eines technischen Produkts nach dem Vorbild der belebten Natur und im tradierten und modernen Sinn der Bionik erfolgen. Die einschlägige Literatur, ein Survey in der rezenten Forschungslandschaft und die Darstellungen unterschiedlicher internationaler und lokaler Akteure im Netz, wie etwa die Gesellschaft für Technische Biologie und Bionik (GTBB) in Bremen und das in Berlin ansässige Bionik Kompetenz Netzwerk (BIOKON) liefern eine reiche Schar erfolgreicher Transformationen. Beispiel: in der Fluidmechanik gelten die Betrachtung und die wissenschaftliche Entschlüsselung der Delfinhaut (Kramer 1960)[7] und der Haihaut (Bechert 1998)[8] als gelungene und für die Bionik typische Transformationen (mit der Betonung auf Form) aus der belebten Natur und hin zu einer technischen Anwendung. Es hat im Übrigen in den vergangenen 50 Jahren niemanden gestört, dass beispielsweise für die „singende" Delfinhaut bis heute kein schlüssiges physikalisches Modell existiert. Und auch bei der zehntausendfach „Wirbel anordnenden" Haioberfläche existiert zwar eine fluidmechanische Phänomenologie, die beobachtbare Wirbelfäden beschreibt und misst, jedoch kein theoretisches Modell, das über den Begriff sonderbarer Kavitäten hinausgeht[9,10].

Anders in der Verfahrens- und der Konstruktionsbionik, die wunderhübsche technische Affirmationen generiert[11]. Die Gewölbe der Kieselalgen beispielsweise beschrieben in D' Arcy Thompson Werk[12] oder auch (die nichtbiologischen) Seifenblasenstrukturen Frei Ottos bilden nachweislich mechanische Optimalkonstruktionen geringster innerer Energie. Und sind Vorbild für Architektur und innovatives Bauwerk[13, 14].
An diesem Ort in der Argumentation – hier geht es um die Systemanalyse des biologischen Vorbilds - stellen wir fest, dass der Transformationsvorgang in der an Anwendungen orientierten Bionik nicht im Sinne einer solchen rezeptartigen Gestaltungsanweisung erfolgt, die lediglich das Sosein des biologischen Vorbildes eins zu eins zitiert, sondern um eine systematische Herangehensweise, die das „Prinzipielle im beobachteten Phänomen" sucht. Oft liegen die Informationen aus der Biosystemanalyse nicht in einer für Ingenieuranwendungen geeigneten Form vor, weshalb in der Praxis die Graphik in Abb1. oft eher eine Absichtserklärung als eine probate Methode ist.

Ein natürliches System

Untersuchen wir kurz, was geschieht, wenn das biologische Sosein die für die technische Transformation erforderliche Struktur, Form und Funktion nicht unmittelbar hervorbringt, sondern erst in einem Prozess der physikalischen Wechselwirkung des Wesens und seiner phänotypischen Gestalt mit seiner im Habitat vorgefundenen Materialwelt, etwa einer fluidischen Umgebung hervorbringt. Ein Beispiel sind Bauwerke der belebten Natur: was ist, wenn wir uns für die Thermodynamik in einem Termitenbau interessieren, aber an den relevanten Insekten weder signifikante Physiologie noch biologische Struktur, Form und Funktion wiedererkennen, die mit der physikalischen Wirkungsweise einer strömungsmechanisch optimalen Termitenburg korrespondieren? Was folgt in der Argumentation, wenn erkennen, dass die Dinge zwar „gemacht" sind, wir aber keinen Nachweis auf das methodische Wirken durch den genialen „(Uhr-) Macher" zu entwickeln vermögen? Was ist, wenn wir einer Muster- und Gestaltentstehung zwar gewahr werden, sie beobachten, messen und quantifizieren können, ein unmittelbarer kausaler Zusammenhang zu einem produktiven Machen aber nicht sichtbar wird? Dabei gibt es durchaus einen Zusammenhang zwischen einem Eimer voll Wasser und dem meandernden Fluss, dem Lahntal etwa: auch so ein „gemachtes" Ding!

Die fluidmechanische Wirbelspule (WSP) ist genau solch ein „gemachtes Ding", ein synthetisiertes Konstrukt. Regelmäßig und von selbst kommen n-gängige spiralige Strukturen (global-mode-n-WSP) in der belebten Natur nicht vor; bestenfalls als spontane, stochastische Erscheinung[15]. Damit n-gängige Wirbelspulen regelmäßig und wiederholbar in einem Fluid auftauchen, bedarf es gewisser physikalischer Ursachen und recht spezieller geometrischer Ursachenkonstellationen. Erforderlich für die Emergenz einer n-gängigen Wirbel-Spirale aus Wirbelfäden sind Wirbelfäden. Wirbelfäden erfordern ein Erzeugendensystem. Erzeugendensysteme für Wirbelfäden ihrerseits sind grundsätzlich beliebig. Von beliebigen Erzeugendensystemen sind allerdings nur ganz wenige phänomenologisch beschrieben und/oder mit einer tragfähigen Theorie belegt. Ein inzwischen gut untersuchtes Erzeugendensystem für Lagrange Kohärente Wirbelfäden ist der fluiddynamisch wirksame Tragflügel, der sich durch ein ruhendes Fluid bewegt. Denken wir an dieser Stelle vielleicht an einem Vogel im Fluge oder an ein Modellflugzeug, das eine Messstrecke mit ruhendem Fluid durchsegelt. Am freien Ende eines fluiddynamisch wirksamen Tragflügels tauchen regelmäßig und wiederholbar Wirbelfäden auf. Ihre Ursache ist bekannter weise in der Umströmung der freien Tragflügelkante zu finden. Diese Randkantenumströmung sucht einen Weg aus einem relativen Überdruckgebiet unterhalb der Tragflügelfläche hin zu einem (relativen) Unterdruckgebiet oberhalb der Tragflügelfläche. Es ist das in der Theorie gut beschriebene endlich Tragflügelmodell Prandtls. Und das Modell für einen „frei" in der Strömung erzeugten Wirbelfaden. Ein weniger gut beschriebenes Erzeugendensystem für geometrisch geführte kohärente Wirbelfäden, ist die oben zitierte Haihaut, bzw. die technische Riblet-Folie[16] als Ergebnis einer bionischen Transformation. Für den zweidimensionalen Fall ist das System „Lid driven Cavity problem" ein Standard Test-Problem[17], gut untersucht und ein Benchmark-Modell für numerische Applikationen.

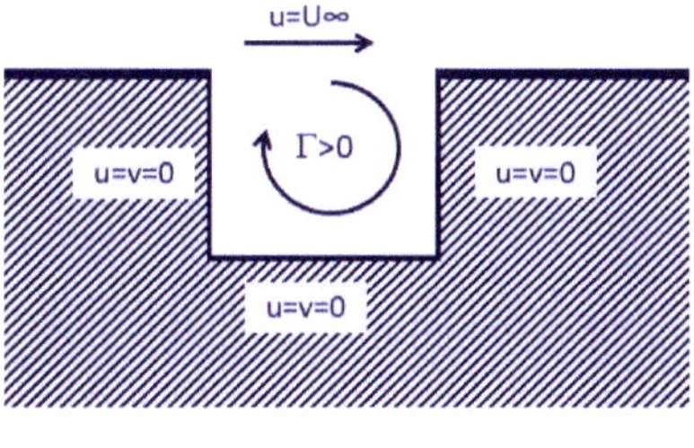

Abb.2: The Lid-driven cavity problem: a benchmark!

Die Simulation einer einzelnen Rille in einem Haihaut-Modell und somit die Lösung für den dreidimensionalen Fall des Cavity-Problems, ist bislang nur in einem anderen Zusammenhang (Wärmeübertragung) als numerische Simulation beschrieben[18]. Das Modell hilft uns wenig weiter, weil nicht eine, sondern erst mehrere (am biologischen System eine fünfstellige! Zahl) derartiger Rillen-

Abschnitte den signifikanten physikalischen Effekt realisieren: ein Wirbelfaden-Hüll-System.

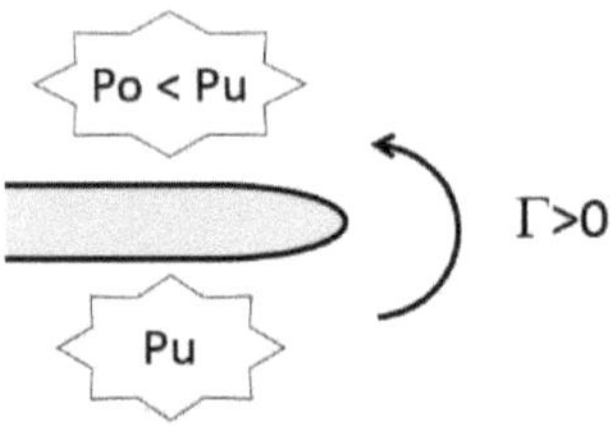

Abb.3: Der endliche, fluiddynamisch wirksame Tragflügel.
Pu: Druck an der Tragflügelunterseite.
Po<Pu: Druck an der Tragflügeloberseite.
Resultierende Zirkulation $\Gamma>0$: not a benchmark!

Dabei gelingt das Generieren synthetischer Wirbel in Gasen und Flüssigkeiten am einfachsten mit fluidmechanischen Zyklonen, die mit einer tangentialen Anströmung fadenförmige Volumina beschleunigen, allerdings: vorzugsweise rotationszylindrischen Innenräumen. Für synthetische Rotationsaußenströmung sind bis heute nur Verfahren gebräuchlich, die mit Auftriebstragflächen arbeiten.
Den Physiker Dustin Kleckner und William Irvine von der University of Chicago[19] gelang 2013 die Extraktion künstlicher Wirbelfäden innerhalb eines Fluids: wenn ein stillstehender Flügel plötzlich beschleunigt wird, führt das zu einem Pärchen zweier Anfahrwirbel, die in entgegengesetzte Richtungen rotieren. Die Forscher in Chicago tauchten ihre Miniflügel in einem Wasserbehälter unter und beschleunigten sie dort schlagartig, um auf diese Weise eine Wirbelfadenstruktur zu produzieren.

> *„Überraschendes tat sich allerdings, als die Physiker den weiteren Werdegang ihrer Blasengebilde verfolgten. >Einfache Ringe verhielten sich wie erwartet: Sie bewegten sich einfach nur vorwärts und veränderten dabei kaum ihre Form<, berichten sie. Die verschränkten Ringe und dreilappigen Knoten jedoch hätten sich völlig unerwartet verhalten: Sie begannen zu rotieren und sich dabei zu verformen. >Benachbarte Bereiche der Wirbelschläuche bewegten sich aufeinander zu, bis sie nahezu parallel lagen, wanden sich dann umeinander und kollidierten dann schließlich<, beschreiben Kleckner und Irvine ihre Beobachtungen.“*[20]

Spiralige Formationen von Wirbelfäden

Versuchen wir eine erste Zusammenfassung. In der Strömungslehre bezeichnet der Wirbelfaden eine kohärente Anordnung von Fluidelementen, denen eine drehende Bewegung inhärent ist. Die zusammenhängende Anordnung und das innere Milieu des Wirbelfadens führen auf Pfadabhängigkeit: Wirbelfäden sind Lagrange Kohärente Systeme (LCS).

Leonhard Euler führt um 1755 die Bewegungsgleichung einer reibungslosen inkompressiblen Flüssigkeit ein und begründet damit die moderne Fluiddynamik. Er benennt das fundamentale Konzept des Wirbel-Vektors, der heutigen Rotation. Auf Joseph-Louis Lagrange geht die für Strömungsfelder bedeutsame Potentialtheorie zurück, aus der sich um 1800 die Feldtheorien entwickeln. Lagrange veröffentlicht wissenschaftlichen Arbeiten über Differentialgleichungen und Variationsrechnung. William Thomson (Lord Kelvin) schließlich findet das Zirkulationstheorem und steht Mitte des 19ten Jahrhunderts in Korrespondenz mit Hermann von Helmholtz in Berlin, der die Stabilität von Wirbeln in Raum und Zeit in reibungslosen Flüssigkeiten erkennt. Helmholtz's Fundamentalsatz der Kinematik (1858) betrifft die allgemeine Ortsveränderung eines deformierbaren Körpers hinreichend kleinen Volumens, als Summe aus Translation, Rotation und Deformation. Grundsätzlich gilt, dass Wirbelfäden durch Impuls-Induktion ein Feld organisieren, wie folgt: verlassen zwei Wirbelfäden ein gemeinsames Erzeugendensystem, beispielsweise ein Auftrieb erzeugendes Aggregat mit zwei benachbarten Wirbelquellen und besitzen beide Wirbelfäden den gleichen Drehrichtungssinn, dann beginnen diese Wirbelfäden miteinander um eine gemeinsame Achse zu rotieren! Das bedeutet: Zwei oder mehrere, im gleichen Abstand benachbarte Wirbelfäden induzieren ein spiraliges Wirbelsystem in das Feld.

Die fluidmechanische Wirbelspule (WSP) ist ein synthetisiertes Konstrukt: eine n-gängige spiralige Struktur (global-mode-n-WSP), die aus n Wirbelfäden besteht. Theoretische Überlegungen und Experimente mit numerischen Simulationsprogrammen legen nun die Vermutung nahe, dass ein bewegtes, Auftrieb erzeugendes Aggregat, eine zwei- oder mehrgängige Wirbelspule in ein ruhendes Feld „ablegt" und dieses Wirbelsystem eine schraubenförmige Rotation ausführt: die fluidmechanische Wirbelspule rotiert nun als Ganzes im Raum. Die fluidische Beaufschlagung führt auf ein helikales Bewegungssystem in einem stehenden Feld. Am durch das stehende Feld bewegten Entstehungsort der Wirbelspule werden aus der Umgebung Fluidelemente in ein trichterförmiges Mündungsgebiet beschleunigt, um dann durch das mantelförmige Wirbelspulensystem „gepumpt" zu werden.

Ein Berechnungsmodell (das nicht Gegenstand dieser Rede ist) setzt die Beziehungen, die sich aus der allgemeinen Feldtheorie herleiten, in einem stark vereinfachenden Lösungsansatz um. Kern der fluidmechanischen Berechnungen im Feld ist die Geschwindigkeitsinduktion nach dem Gesetz von Biot und Savart das aus der Elektrodynamik stammt und verallgemeinernd der Potentialtheorie (reibungsfreier) Fluide dient. Das Induktionsmodell nach der Feldtheorie besagt, dass jeder finite Abschnitt in einem fadenförmigen Wirbelfilament, Quelle einer Impulsinduktion an jedem Ort im Feld ist. Für die analytische Untersuchung des

Induktionsgeschenehens ist von Bedeutung, welchen Beitrag (irgendein) Quellsystem auf die Strömung ausübt, die sich im Innern der Wirbelspule aufbaut. Die Strömung sei reibungsfrei, im Sinne potentialtheoretischer Strömungsmodelle nach dem Gesetz von Biot und Savart. Entscheidend für die Selbstorganisation der Wirbelstruktur ist das Induktionsgeschehen an Punkten im Feld, die selbst Elemente einer Formation aus Quellen sind. An diesen Orten wird abgelesen, wie das System „selbstreferentiell" auf seine Form und seine Verformung wirkt.
Fazit: Fluidmechanische Wirbelspulensysteme organisieren das Feld. Werden Wirbelspulen in einem ruhenden Feld „abgesetzt" wird einem Beobachter (Euler) eine Strömungskonzentration aus der (fluidmechanischen) Ruhelage heraus gewahr. Diese, in einem fluidischen Feld herrschenden Phänomene, werden biologischen Vogelflug zugeordnet. Es sind theoretische Modelle auf der Basis der Feldtheorie über fluidmechanische Wirbelspulen, die den Schluss nahelegen, dass es in einem stehenden Feld und in der Umgebung der Wirbelspulen zu einer Strömungskonzentration kommt und dass in diesen mantelförmigen Wirbelgebilden kinetische Energie umgesetzt wird. Der funktionale Zusammenhang der in das Feld induzierten Geschwindigkeit mit Kräften ist gegeben mit der substantiellen Beschleunigung eines Masseteilchens an einem Ort: der zeitlichen Änderung der Geschwindigkeit. Der Energiebegriff ist verbunden mit der 2. Potenz der in das Feld induzierten Geschwindigkeit. Allerdings geht in der energetischen Bilanz (über das Feld) die pfadbedingte Richtung mathematisch verloren, was im Übrigen auch für den Kraftbegriff Prandtls gilt, der aus der der Formel nach Bernoulli und der Kontinuitätsgleichung stammt. Mit der Energie an einer Stelle und dem Begriff der „Deformationsarbeit am Fluid" (gemessen in J, Joule mit der Dimension $M \cdot L^2 \cdot T^{-2}$) lassen sich die Verschiebungen und Verzerrungen des Kontinuums erklären.
Der spezifische Impuls ist in unseren Fallstudien zu einer durch ergänzende Wirbel bastardisierten Strömung der von der Masse befreite vektorielle Impuls an jeder Stelle im Raum.
Eine voll ausentwickelte zweigängige Wirbelspule (global mode2WSP) zeigen die Berechnungsergebnisse der numerischen Simulation (Abb.4. und Abb.5). Das Bild ist eingefroren nach einem Flug durch einen Korridor etwa kurz vor der Position X=30 LE, so dass die „Einlaufströmung" des Auftrieb erzeugenden Systems, das durch den Korridor segelt, sichtbar wird (Abb.5). Theoretische Überlegungen legen nahe, dass ein ausbalanciertes spiraliges Wirbelgeschehen vorteilhaft sein wird, für das Widerstandsgebaren des Gesamtsystems. Die extrahierte Graphik (rechts Abb.4) zeigt eine sauber ausdifferenzierte Wirbelspulen-Konfiguration um eine zentrale Achse.

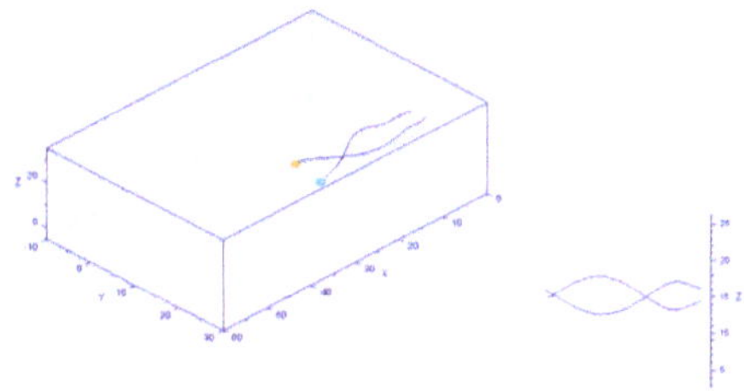

Abb.4: Störkontur durchfliegt den Korridor mit der Geschwindigkeit V∞. Es entwickelt sich eine voll ausentwickelte Wirbelspule (rechts im Bild).

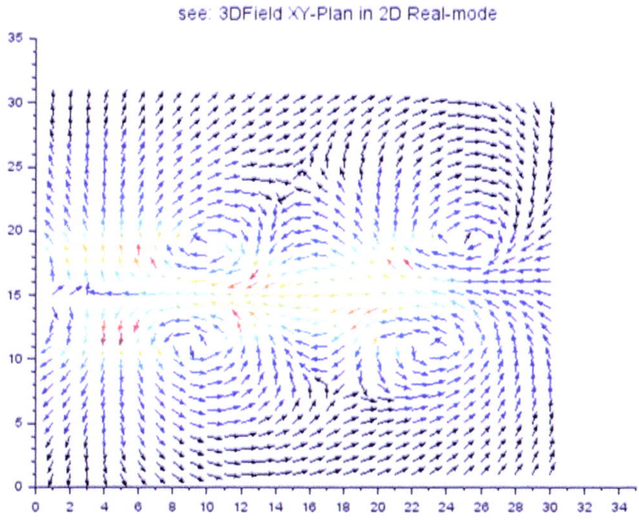

Abb. 5: Der in das Feld induzierte spez. Impuls (Ebene X,Y,15). Gleich intensive Wirbelquellen.

Die Strömung bildet ein zentrales Beschleunigungsgeschehen aus. Vor Eintritt des Tragflügels in den Korridor ruht das Fluid dort. Nun durchsegelt die Störkontur den Kontrollraum von links (X=0LE) nach rechts (X=30LE). Die spiralige Wirbelstruktur saugt vormals ruhende Materie aus der Umgebung an und pumpt sie durch die Wirbelspule (WSP). Die Wirbelspirale dreht sich um eine Achse, die hier (in etwa) mit einer Linie der Koordinaten (X=0, 15,15) bis (X0=30,15,15) zusammenfällt.

Das Berechnungsergebnis nach dem dreidimensionalen numerischen Modell und die Simulation der bastadisierten Strömung, bestätigt die Erwartungen an ein zweigängiges Wirbelsystem „global mode2WSP".

Schlussbetrachtung

Offenbar ist die Idee, mittels Wirbelspulen wenigstens einen kleinen Teil der für das Fliegen aufgebrachten Energie zurückzugewinnen, ein geniales Konzept der belebten Natur. Aber das produktneutrale Lösungsprinzip fluidmechanischer Wirbelspulen und die konditionierende Wirkung auf ein ruhend vorgefundenes Strömungsfeld, ist bislang ein schlecht untersuchtes physikalisches Phänomen und die fluidmechanische n-gängige Wirbelspule und ihre Klassifizierung als global-mode-n-WSP Fluidsystem hat bis heute keinen Eingang gefunden in die durch sichere Theorien abgesicherte, tradierte Fluidmechanik.
Die bastardisierte Strömung ist ein „bionisches" Lösungsprinzip für eine Gestaltungsaufgabe immer dann, wenn ein einfacher technischer Rechteckflügel (der primäre Tragflügel) die die Ausgangslage beschreibt. Die bastardisierte Strömung als physikalisches Lösungsprinzip bedingt eine fluidmechanische n-gängige Wirbelspule. Das global-mode-n-WSP Fluidsystem taucht auf als gestalterisches Lösungsprinzip, sobald ein wohlgestaltetes „Anflügel-System" der dem primären Tragflügel beigefügt ist. Der Anflügel befindet sich in der Nähe des angeströmten Tragflügelendes des Primärflügels und ist wohlgestaltet, wenn er wenigstens einen Wirbelfaden mit der gleichen pfadabhängigen Zirkulation des Primärflügels generiert und somit zwangsläufig ein spiraliges global-mode-n-WSP Fluidsystem am Auftrieb erzeugenden Tragflügel emergiert. Seitens des physikalisch begründeten Lösungsprinzips, hat das gestalterische Anflügelsystem vermutlich die Qualität einer fluidmechanischen Ergänzung.
Die Vermutung einer fluidmechanischen Ergänzung ist auch bei der Übertragung der physikalischen Wechselwirkungen der bastardisierten Strömung als Lösungsprinzip aus der belebten Natur, hier tritt der Daumenfittich in Kombination zu einem mehrgängigen Wirbelspulensystem (globalmode5WSP beim roten Milan, beispielsweise) in innovative Zukunftstechnik (hier herrscht auch heute und wohl noch eine Weile der rauten- oder rechteckförmige Tragflügel vor) im Sinne der an Anwendungen orientierten Bionik, hilfreich und dankbar. Das wird weiter zu untersuchen sein. Es werden leider nur theoretische Untersuchungen sein, mit numerischen Modellen und mit von Computern unterstützten Simulationen.

Michel Felgenhauer, Berlin im Frühjahr 2024

Bibliographie, Quellen und weiterführende Literatur

[Abbo-59] Ira H. Abbott, Albert E. von Doenhoff: Theory of Wing Sections: Including a Summary of Airfoil Data. Dover Publications, New York 1959.

[Alva-01] Alvarez J. C., Meseguer J., Meseguer E., Pérez A. On the role of the alula in the steady flight of birds. Ardeola, 2001, 48, 161–173.

[BaNe-98] Barthlott, W.; Neinhuis, C.: Lotusblumen und Autolacke – Ultrastruktur pflanzlicher Grenzflächen und biomimetische unverschmutzbare Werkstoffe. Biona Report 12, Schriftenreihe der Wissenschaften und der Literatur, Mainz. Gustav Fischer-Verlag, Stuttgart 1998.

[Bann-02] Bannasch, Rudolph. Vorbild Natur. In: design report 9/02, S.20ff. Blue. C Verlag Stuttgart: 2002.

[Bapp-99] Bappert, R. Bionik, Zukunftstechnik lernt von der Natur. SiemensForum München/Berlin und Landesmuseum für Technik und Arbeit in Mannheim (Herausgeber): 1999

[Bat - 12] Batchelor, B.G, & Whelan, P.F. (2012) Intelligent Vision Systems for Industry. Springer, London.

[Bech-93] Bechert, D.W.: Verminderung des Strömungswiderstandes durch bionische Oberflächen. In: VDI-Technologieanalyse Bionik, S. 74 – 77. VDI-Technologie-zentrum Düsseldorf 1993.

[Bech- 93] Bechert, D W. (1993): Verminderung des Strömungswiderstandes durch bionische Oberflächen. In: VDI, Technologieanalyse Bionik, S. 74 – 77. VDI-Technologiezentrum Düsseldorf.

[Bech-97] Bechert, D.W., Biological Surfaces and their Technological Application. 28th AIAA Fluid Dynamics Conference: 1997

[Die09-4] Dienst, Mi.(2009) Physical Modelling driven Bionics. GRIN-Verlag München.

[DUB-95] Dubbel, Handbuch des Maschinenbaus, Springer Verlag Berlin, 15.Auflage 1995.

[Eppl-90] Richard Eppler: Airfoil Design and Data. Springer, Berlin, New York 1990.

[Fel-23] Felgenhauer, Mi. (2023) Fluid-Filament-Wechselwirkung (FFWW). Vortex-SuPerformance. Grin-Verlag München, ISBN: 9783346804464, V1321098

[Fel 22-6] Felgenhauer, Mi. (2022). Fluid within Fluid Modellierung. Methoden für das FwF Computing. GRIN-Verlag GmbH München, ISBN(e-Book): 9783346662620; ISBN (Buch):9783346662637, VNR: v1234590

[Fel 22-5] Felgenhauer, Mi. (2022). Modelle und Simulation synthetischer Wirbelspulen. GRIN-Verlag GmbH München, ISBN (eBook): 9783346656353, VNR: v1225465

[Fel 22-4] Felgenhauer, Mi. (2022). Proposal of "Fluid within Fluid" Models. GRIN-Verlag GmbH München, ISBN(e-Book): 9783346647924. VNR: v1215475

[Fel 22-3] Felgenhauer, Mi. (2022). Aspekte von „Fluid within Fluid“ Modellen. GRIN-Verlag GmbH München, ISBN(e-Book): 9783346648280.

[Fli-02] Flindt, R. (2002) Biologie in Zahlen Berlin: Spektrum Akademischer Verl.

[Fren-94] French, M.: Invention and Evolution: design in nature and engineering. Cambridge University Press. Cambridge 1994.

[Fren-99] French, M.: Conceptual Design for Engineers. Berlin, Heidelberg, New York, London, Paris, Tokio: Springer: 1999

[Gel-10] Produktinformation, 05 2010, GELITA 69412 Eberbach. www.gelita.com

[Guen-98] Günther, B., Morgado, E. (1998) Dimensional analysis and allometric equations concerning Cope’s rule.RevistaChilena de Historia Natural 71: 1989

[Gör-75] Görtler, H. Diemensionsanalyse. Berlin Springer 1975

[Gorr-17] Edgar Gorrell, S. Martin: Aerofoils and Aerofoil Structural Combinations. In: NACA Technical Report. Nr. 18, 1917.

[Guen-66] Günther, B., Leon, B. (1966) Theorie of biological Similarities, nondimensional Parameters and invariant Numbers. Bulletin ofMathematicalBiophysics Volume 28, 1966.

[Gutm-89] Gutmann, W.: Die Evolution hydraulischer Konstruktionen. Verlag W. Kramer: Frankfurt am Main, 1989.

[Hal-10] G. Haller. (2010) A variational theory of hyperbolic Lagrangian Coherent Structures. Physica D: Nonlinear Phenomena,240(7):574–598,2010.

[Hal-00] G. Haller, G.Yuan Lagrangian coherent structures and mixing intwo-dimensional turbulence, Division of Applied Mathematics, Lefschetz Center for Dynamical Systems, Brown University, Providence, RI 02912, USA Received 11 February 2000;

[Hal-01] Haller, G. (2001). Distinguished material surfaces and coherent structures in three-dimensional fluid flows. Physica D: Nonlinear Phenomena, 149(4),

[Hal - 05] Haller, G. (2005) An objective definition of a vortex J. Fluid Mech. 525, 1-26.

[Hal-11] Haller, G. (2011). A variational theory of hyperbolic Lagrangian coherent structures. Physica D: Nonlinear Phenomena, 240(7),
Haller, G. (2015). Lagrangian coherent structures. Annual Review of Fluid Mechanics,

[Hal-14] Farazmand, M., Blazevski, D., & Haller, G. (2014). Shearless transport barriers in unsteady two-dimensional flows and maps. Physica D: Nonlinear Phenomena, ESSOAr

[Hal - 13] Haller, G., & Beron-Vera, F. J. (2013) Coherent Lagrangian vortices: The black holes of turbulence. J. Fluid Mech., 731, R4, 2013.

[Hal – 15-1] Haller, G. (2015) Lagrangian Coherent Structures. Annual Rev. Fluid. Mech, 47, 137-162.

[Hal – 15-2] Haller, G. (2015) Dynamically consistent rotation and stretch tensors for finite continuum deformation. submitted.

[Hal-16] Haller, G., Hadjighasem, A., Farazmand, M., & Huhn, F. (2016). Defining coherent vortices objectively from the vorticity. Journal of Fluid Mechanics, 795

[Hel - 1858] Helmholtz, H. (1858) über Integrale der hydrodynamischen Gleichungen, welche den Wirbelbewegungen entsprechen. J. Reine und Angew. Math. 55, 25-55.
[Hüt-07] Hütte, 2007, 33. Auflage, Springer Verlag. S.E147

[Hus - 86] Hussain, A. K. M. F. (1986) Coherent structures and turbulence. J. Fluid Mech. 173, 303

[Hun - 88] Hunt, J. C. R., Wray, A. A. & Moin, P. (1988) Eddies, stream, and convergence zones in turbulent flows. Center for Turbulence Research Report CTR-S88, pp. 193{208

[Hux-32] Huxley, J.S. (1932) Problems of relative Growth. London: Methuen.

[Kar-35] Karman von,T. Burgess J.M. (1935) General aerodynamic theory: perfect fluids, In Aerodynamic Theory vol. II (cd. W. F. Durand), p. 308. Leipzig: Springer Verlag.

[Katz-01] Joseph Katz, Allen Plotkin (2001) Low-Speed Aerodynamics (Cambridge Aerospace Series) Cambridge University Press; 2 edition (February 5, 2001)

[Kab-89] Kaschub, M. (1989) Beitrag zur aerodynamischen Leistungsregelung des Wirbelspulen-Windenergie-Konzentrators. Fortschrittsberichte VDI Reihe 7 Nr. 163, VDI-Verlag Düsseldorf.

[Kra-86] Krasny, R. (1986) Desingularization of Periodic Vortex Sheet Roll-up. Courant Instirute oJ' Mathematical Sciences, New York Unioersity, 251Mercer Street, Nen, York, New York 10012, received November 15, 1981; revised July 25, 1985

[Kat-19] Katsanoulis, S., Farazmand, M., Serra, M., & Haller, G. (2019). Vortex boundaries as barriers to diffusive vorticity transport in two-dimensional flows. arXiv preprint arXiv:1910.07355 .

[Ker-17] Kern, M., Hewson, T., Sadlo, F., Westermann, R., & Rautenhaus, M. (2017). Robust detection and visualization of jet-stream core lines in atmospheric flow. IEEE transactions on visualization and computer graphics, 24(1), 893{902.

[Liao-03] Liao, J.C.; Beal, D.; Lauder, G.; Triantayllou, M. Fish Exploting Vortices Decrease Muscle Activty.In: Science 2003, S. 1566-1569. AAAS. 2003.

[Lech-14] Lecheler, S. (2014) Numerische Strömungsberechnung Springer Verlag Berlin Heidelberg. ISBN 978-3-658-05201-0

[Lun-82]T. S. Lundgren, T.S. (1982) Strained spiral vortex model for turbulent fine structure, The Physics of Fluids 25, 2193 (1982); https://doi.org/10.1063/1.863957

[Matt-97] Mattheck, C.: Design in der Natur. RombachVerlag. Freiburg 1997.

[McW - 84] McWilliams, J. C., (1984) The emergence of isolated coherent vortices in turbulent flow. Fluid Mech. 146, 21-43.

[McW - 84] McWilliams, J. C., 1984 The emergence of isolated coherent vortices in turbulent flow. Fluid Mech. 146, 21-43

[Mial-05] B. Mialon, M. Hepperle: "Flying Wing Aerodynamics Studies at ONERA and DLR", CEAS/KATnet Conference on Key Aerodynamic Technologies, 20.-22. Juni 2005, Bremen.

[Mof-84] Moffatt, K.H. (1984) Simple topological aspects of turbulent vorticity dynamics In: Turbulence and Chaotic Phenomena in Fluids, ed. T. Tatsumi (Elsevier) 223-230.

[Nach-71] Nachtigall, W. Kempf, B. (1971) Vergleichende Untersuchungen zur flugbiologischen Funktion des Daumenfittichs (Alula spuria) bei Vögeln. I. Der Daumenfittich als Hochauftriebserzeuger. Zoologische Institut der Universitäten Saarbrücken und München.
Z. vergl. Physiologie 71, 326--341 (1971) Springer-Verlag.

[Nach-01] Nachtigall, W. (2001) Biomechanik. Braunschweig: Vieweg Verlag.

[Nach-98] Nachtigall, W. : Bionik – Grundlagen und Beispiele für Ingenieure und Naturwissenschaftler. Springer-Verlag, Berlin-Heidelberg-New York 1998.

[Nach-00] Nachtigall, Werner; Blüchel, Kurt. Das große Buch der Bionik. Stuttgart: Deutsche Verlags Anstalt: 2000.

[Oert-11] Oerteljr., H., Böhle, M., Reviol, Th. (2011) Strömungsmechanik, Grundlagen.Springer Verlag Berlin Heidelberg. ISBN 978-3-8348-8110-6

[PaBe-93] Pahl. G.; Beitz, W.: Konstruktionslehre, 3.Auflage. Berlin-Heidelberg-New York-London-Paris-Tokio: Springer 1993

[Pflu-96] Pflumm, W. (1996) Biologie der Säugetiere. Berlin: Blackwell Wissenschaftsverlag.

[Pei-89] Peintinger, G. (1989) Theoretische und experimentelle Untersuchungen an einem Segelflügel-Windkonzentrator. Dissertation FB10 Technische Universität Berlin 1989.

[Rech-94] Rechenberg, Ingo. Evolutionsstrategie'94. Frommann-Holzoog Verlag. Stuttgart: 1994.

[Scha-13] Schade, H. (2013) Strömungslehre. De Gruyter Verlag. ISBN-13: 978-3110292213

[Schü-02] Schütt, P., Schuck, H-J., Stimm, B. (2002) Lexikon der Baum- und Straucharten. Nikol, Hamburg, ISBN 3-933203-53-8

[Sun-16] Sun,P.N., Colagrossi, A. Marrone, S. , Zhang, A.M, (2016) Detection of Lagrangian Coherent Structures in the SPH framework, College of Shipbuilding Engineering, Harbin Engineering University, Harbin 150001, China; CNR-INSEAN, Marine Technology Research Institute, Rome, Italy; Ecole Centrale Nantes, LHEEA Lab. (UMR CNRS), Nantes, France.

[Tham-08] Siekmann, H.E., Thamsen, P. U. (2008) Strömungslehre Grundlagen, Springer Verlag Berlin Heidelberg. ISBN 978-3-540-73727-8

[Tho-59] Thompson, D'Arcy, W. (1959) On Growth and Form. London: Cambridge University Press. (Neuauflage der Originalschrift 1907)

[Tho-92] Thompson, D W., (1992). On Growth and Form. Dover reprint of 1942 2nd ed. (1st ed., 1917). ISBN 0-486-67135-6

[Tria-95] Triantafyllou, M.: Effizienter Flossenantrieb für Schwimmroboter. In: Spektrum der Wissenschaft 08-1995, S. 66–73. Spektrum der Wissenschaft-Verlagsgesellschaft mbH, Heidelberg 1995.

[Tria-87] Triantafyllou M., Kupfer K., Bers A. (1987) Absolute instabilities and self-sustained oscillations in the wakes of circular cylinders. Physical Review Letters 59, 1914–1917. ADSCrossRefGoogle Scholar

[Tria-91] Triantafyllou M., Triantafyllou G. S., Gopalskrishnan R. (1991) Wake Mechanics for Thrust Generation in Oscillating Foils, Physics of Fluids A, 3 (12), pp. 2835–2837.ADSCrossRefGoogle Scholar

[Tria-92] Triantafyllou M., Triantafyllou G. S., Grosenbaugh M. A. (1992) Optimal Thrust Development in Oscillating Foils with Application to Fish Propulsion, Journal of Fluids and Structures (Accepted for Publication)Google Scholar

[Vos-15-2] M. Voß, H.-D. Kleinschrodt, Mi. Dienst: "Experimentelle und numerische Untersuchung der Fluid-Struktur-Interaktion flexibler Tragflügelprofile", Resarch Day 2015 - Stadt der Zukunft Tagungsband - 21.04.2015, Mensch und Buch Verlag Berlin, S. 180- 184, Hrsg.: M. Gross, S. von Klinski, Beuth Hochschule für Technik Berlin, September 2015, ISBN:978-3-86387-595-4.

[Vos-15-1] M. Voss, P.U. Thamsen, H.-D. Kleinschrodt, Mi. Dienst (2015): "Experimeltal and numerical investigation on fluid-structure-interaction of auto-adaptive flexible foils", Conference on Modelling Fluid Flow (CMFF'15), Budapest, Ungarn, 1.-4. September 2015, ISBN (Buch): 978-963-313-190-9.

[Vos-15-2] M. Voss, (2015) Experimentelle und numerische Untersuchung flexibler Tragflügelprofile. Dissertation, Technische Universität Berlin 2015.

[Zie - 72] Zierep, J. (1972) Ähnlichkeitsgesetze und Modellregeln der Strömungslehre.

Michel Felgenhauer ist das Pseudonym des Motorenbauers Michael Dienst aus Wiesbaden. Ich lebe und arbeite in Berlin.
Martha Felgenhauer stirbt 1943 als junge Frau in Ziegenhals, Schlesien. Die sie kannten sagen, wir seien wesensverwandt. Gelegentlich also erzähle ich meiner Großmutter Geschichten aus der fröhlichen Wissenschaft. Winter 2023/24.

---

[1]Pahl. G.; Beitz, W.(1993): Konstruktionslehre, 3.Auflage. Berlin- Heidelberg- New York London-Paris Tokio: Springer.
[2]Dienst, Mi. (2014). Computergestützte Vorgehensweisen der Übertragung biologischer Phänomene in Technik. In: Joachim Villwock (Hrsg.) Methoden des Fortschritts. Shaker Verlag Aachen, ISBN: 978-3-8440-2932-1; ISSN: 2199-515X.
Dienst, Mi. (2014). Phenomenology driven Product development. GRIN-Verlag GmbH München, ISBN (eBook): 978-3-656-82401-5, ISBN (Buch): 978-3-656 82404-6.
[3] https://www.biokon.de/bionik/produkte/
[4] French, M. (1999): Conceptual Design for Engineers. Berlin, Heidelberg, New York, London, Paris, Tokio: Springer.
[5] Kurzreferat (Auszug): Bionik bezeichnet Forschungs- und Entwicklungsansätze, die ein technisches Anwendungsinteresse verfolgen. Auf der Suche nach Problemlösungen, Erfindungen und Innovationen wird Wissen aus der Analyse lebender Systeme herangezogen und dieses Wissen wird auf technische Systeme übertragen. Der Gedanke der Übertragung von der Biologie zur Technik ist dabei das zentrale Element der Bionik. In der Richtlinie VDI 6220 wir die Bionik klassifiziert, definiert und zahlreiche Begriffsbestimmungen und eine Beschreibung des Prozesses des bionischen Arbeitens von der Ideenfindung bis zum bionischen Produkt durchgeführt. Grenzen und Potenziale, die die Bionik als Innovationssystem oder als Nachhaltigkeitsstrategie betreffen, werden dargestellt. https://www.vdi.de/richtlinien/details/vdi-handbuch-bionik
[6] VDI Verein Deutscher Ingenieure (Herausgeber): VDI 6220 Blatt 1. Bionik – Konzeption und Strategie – Abgrenzung zwischen bionischen und konventionellen Verfahren/Produkten. 2012.

[7] Kramer, O. (1960): The dolphins secret. New Scientist 7, 1118–1120. –
Kramer, O. (1960): Boundary layer stabilization by distributed damping. ASNE-Journal 2, 25–33.

[8] Ausgerechnet einer Gruppe von Meeresbewohnern, den Haien, verdankt die Luftfahrt eine Neuerung, die jetzt mit dem Philip Morris Forschungspreis der Kategorie "Transport und Verkehr" ausgezeichnet worden ist. Gewürdigt wurde damit die Entwicklung einer "künstlichen Haifischhaut für Verkehrsflugzeuge". Preisträger sind Dr. -Ing. Dietrich W. Bechert von der Abteilung Turbulenzforschung des Deutschen Zentrums für Luft- und Raumfahrt (DLR), das an der TU Berlin angesiedelt ist und seine vier Teammitglieder Martin Bruse, Wolfram Hage, Jacobiene van der Hoeven und Gunter Hoppe von der TU Berlin. TU intern - April 1998 – Menschen.

[9] Riblet-Folien: Bei schnell schwimmenden Haien besteht die Hautoberfläche aus kleinen, dicht aneinander liegenden Schuppen. Auf diesen Schuppen befinden sich scharfkantige feine Rillen, die parallel zur Strömung ausgerichtet sind. Diese mikroskopisch kleinen Rillen bewirken eine Verminderung des Reibungswiderstands. Dieser widerstandsvermindernde Effekt ist in allen turbulenten Strömungen, also auch in Luft wirksam. Flugzeuge können mit einer speziellen Folie beklebt werden (so genannte Riblet-Folie), die auf ihrer Oberseite über eine ähnliche Struktur verfügt und so den Luftwiderstand des Flugzeugs senkt. Die wissenschaftliche Grundlage entstammt Untersuchungen an fossilen Haien und deren „Schuppen". https://de.wikipedia.org/wiki/Bionik

[10] Aktuell in der Diskussion um die so genannte „künstliche Intelligenz" und dem „maschinellen Lernen" werden „Experten" nicht müde, auf das biologische Vorbild natürlicher neuronaler Netze zu verweisen. Man macht den Menschen tatsächlich glauben, dass künstliche neuronale Netze so aussehen wie natürliche neuronale Netze.

[11] Nicht zu vergessen das Sosein der Delfinnase als Blaupause moderner Schiffskonstruktionen (Wulstbug).

[12] D'Arcy Wentworth Thompson (* 2. Mai 1860 in Edinburgh; † 21. Juni 1948 in St Andrews) war ein britischer Mathematiker und Biologe. Thompson wird häufig der „erste Biomathematiker" genannt. Sein Ruhm gründet sich auf das Buch „On Growth and Form", dessen erste Auflage 1917 erschien (deutsch „Über Wachstum und Form"). Das Buch führt an zahlreichen Beispielen die Ähnlichkeit von biologischen und mechanischen Strukturen vor Augen, die er über mathematische Transformationen zueinander in Beziehung setzte. wikipedia.org/wiki/D'Arcy_Wentworth_Thompson.
On Growth and Form. 1917, ISBN 0-486-67135-6. Deutsch: Über Wachstum und Form. In gekürzter Fassung neu hrsg. von John Tyler Bonner. Übersetzt von Ella M. Fountain und Magdalena Neff. Mit einem Geleitwort von Adolf Portmann. Suhrkamp, Frankfurt am Main 1982, ISBN 3-518-28010-4.
Über Wachstum und Form, vorgestellt von Anita Albus nach der von John Tyler Bonner besorgten Ausgabe. Mit einem Vorwort von Stephen Jay Gould. Aus dem Englischen von Ella M. Fountain & Magdalena Neff, Frankfurt am Main : Eichborn 2006, Reihe Die Andere Bibliothek, ISBN 978-3-8218-4568-5.

[13] Der Architekt, der mit Seifenblasen spielte. Zum Tode des Pritzker-Preisträgers 2015 Frei Otto. Frei Otto, den viele als Utopisten bezeichneten, glaubte fest daran, dass Architektur, die Welt verbessern könne. koelnarchitektur.de, das Architekturmagazin für Köln https://www.koelnarchitektur.de/pages/de/news-archive/11613.htm .

[14] Werner Nachtigall beschreibt den Transformationsvorgang ausgehend von der BIOLOGIE über das dort vorgefundene PRINZIP hin zu einer Anwendung in der Technik :

Die spannungstrajektorielle Anordnung von Spongiosa-Bälkchen führt zur Ausformung analoger Tragwerksstrukturen
BIOLOGIE:
Das schwammartige Bälkchenwerk beispielsweise in Hals und Kopf eines Oberschenkelknochens (Femur) ist nicht zufällig ausgerichtet. Die Einzelbälkchen richten sich vielmehr spannungstrajektoriell, das heißt in Richtung der Druck- und Zughauptspannungen, aus. Sie stehen an jeder Stelle aufeinander senkrecht. Im Raum schließen sich die Linien zu Flächen (A) gleicher Spannung zusammen, die ebenfalls jeweils aufeinander senkrecht stehen (S. 119)
PRINZIP:
Trageelemente, die in der Ebene oder im Raum, also linienförmig oder schalenförmig, spannungstrajektoriell verlaufen, entlasten sich gegenseitig von Biegespannungen, die gefährlich hoch werden können. Druckkräfte, in Grenzen auch Zugkräfte, halten biologische oder technische Materialien dagegen in hohem Maße aus. Es ist deshalb sinnvoll, für eine Biegespannungsreduktion höhere Druck- oder auch Zugspannungen in Kauf zu nehmen.
TECHNIK:
Eine tragende Fläche, beispielsweise eine Stockwerksdecke, kann man auflösen in Unterzüge, die jeweils den Richtungen der Druck- und Zugspannungstrajektorien folgen. Insgesamt kann das Tragesystem (B) dann leichter werden als eine Normaldecke. Der Architekt P. Nervi schreibt in seiner Patentschrift über Betonelemente mit isostatischen Rippen: „Beispiele findet man häufig in der Natur, und das der Knochenbälkchen ist klassisch."

[15] Schließen wir zunächst 1-gängige spiralige Strukturen (global-mode-1-WSP) aus.

[16] Riblets sind eine Oberflächengeometrie, die eine Verminderung des Reibungswiderstands auf turbulent überströmten Oberflächen bewirken. Es handelt sich bei dieser Oberflächengeometrie um feine Rippen, die eine sehr scharfe Spitze haben. Die Längsachse der Rippen liegt dabei in Strömungsrichtung. Die Bezeichnung ist aus dem englischen Wort für Rippel entlehnt.
Derartige Riblets wurden auf den Schuppen schnell schwimmender Haie gefunden.
https://de.wikipedia.org/wiki/Riblet
Siehe auch: Experiments with three-dimensional riblets as an idealized model of shark skin" Bechert, D. W., Bruse, M., & Hage, W. . Experiments in fluids, 28(5), 403-412.(2000).
Siehe auch: „30 Jahre Riblet-Forschung am Berliner Ölkanal des DLR" Hage, W. Deutscher Luft- und Raumfahrtkongress, Dresden 2022.

[17] The lid-driven cavity problem has long been used a test or validation case for new codes or new solution methods. The problem geometry is simple and two-dimensional, and the boundary conditions are also simple. The standard case is fluid contained in a square domain with Dirichlet boundary conditions on all sides, with three stationary sides and one moving side (with velocity tangent to the side). https://www.cfd-online.com/Wiki/Lid-driven_cavity_problem
This problem is a nice one for testing for several reasons. First, as mentioned above, there is a great deal of literature to compare with. Second, the (laminar) solution is steady. Third, the boundary conditions are simple and compatible with most numerical approaches. Note that this is not necessarily the case for finite element methods, in which difficulties may arise at the corner intersections of the moving wall and the stationary wall.

[18]Abdel Aziz, S. (2021) Numerical Investigation of Flow and Heat Transfer over a Shallow Cavity: Effect of Cavity Height Ratio. Fluids 2021, 6(7), 244; https://doi.org/10.3390/fluids6070244.

[19] Dustin Kleckner und William Irvine von der University of Chicago; https://www.wissenschaft.de/technik-digitales/verknotete-ringe/

[20] Verknotete Wirbel spielen in der Physik eine große Rolle. Teilchenphysiker vermuten etwa, dass so genannte
Glueballs – hypothetische Ansammlungen aus Gluonen, bestimmten Elementarteilchen – eng verknotete Quantenfelder sind. In: Nature Physics 10.1038/NPHYS2560, 2013